上海市工程建设规范

城镇污水处理厂恶臭气体治理技术标准

Technical standard for odors treatment in urban sewage treatment plant

DG/TJ 08—2385—2021
J 15943—2021

主编单位:上海城投污水处理有限公司
批准部门:上海市住房和城乡建设管理委员会
施行日期:2022 年 1 月 1 日

同济大学出版社

2022 上海

图书在版编目(CIP)数据

城镇污水处理厂恶臭气体治理技术标准/上海城投污水处理有限公司主编. —上海：同济大学出版社，2022.3

ISBN 978-7-5765-0164-3

Ⅰ. ①城… Ⅱ. ①上… Ⅲ. ①城市污水处理—污水处理厂—臭气治理—技术标准—上海 Ⅳ. ①X512-65

中国版本图书馆 CIP 数据核字(2022)第 037710 号

城镇污水处理厂恶臭气体治理技术标准

上海城投污水处理有限公司 **主编**

责任编辑 朱 勇

责任校对 徐春莲

封面设计 陈益平

出版发行 同济大学出版社 www.tongjipress.com.cn

(地址:上海市四平路 1239 号 邮编：200092 电话:021-65985622)

经 销 全国各地新华书店

印 刷 浦江求真印务有限公司

开 本 889mm×1194mm 1/32

印 张 2.125

字 数 57 000

版 次 2022 年 3 月第 1 版 2022 年 3 月第 1 次印刷

书 号 ISBN 978-7-5765-0164-3

定 价 20.00 元

上海市住房和城乡建设管理委员会文件

沪建标定〔2021〕528 号

上海市住房和城乡建设管理委员会
关于批准《城镇污水处理厂恶臭气体治理技术标准》为上海市工程建设规范的通知

各有关单位：

由上海城投污水处理有限公司主编的《城镇污水处理厂恶臭气体治理技术标准》，经我委审核，现批准为上海市工程建设规范，统一编号为 DG/TJ 08—2385—2021，自 2022 年 1 月 1 日起实施。

本规范由上海市住房和城乡建设管理委员会负责管理，上海城投污水处理有限公司负责解释。

特此通知。

上海市住房和城乡建设管理委员会

二〇二一年八月十七日

前　言

根据上海市住房和城乡建设管理委员会《关于印发〈2019 年上海市工程建设规范、建筑标准设计编制计划〉的通知》(沪建标定〔2018〕753 号)的要求,本标准编制组经广泛调查研究,认真总结实践经验,参考有关国内外先进标准,并在广泛征求意见的基础上,制定本标准。

本标准的主要内容有:总则;术语;基本规定;密闭;收集;处理;排放及监测;验收;运行管理;检修维护。

各单位及相关人员在执行本标准过程中,如有意见和建议,请反馈至上海市水务局(地址:上海市江苏路 389 号;邮编:200042;E-mail:kjfzc@swj.shanghai.gov.cn),上海城投污水处理有限公司(地址:上海市龙东大道 1851 号;邮编:201203;E-mail:ctws@shwwt.com),上海市建筑建材业市场管理总站(地址:上海市小木桥路 683 号;邮编:200032;E-mail:shgcbz@163.com),以便今后修订时参考。

主 编 单 位:上海城投污水处理有限公司

参 编 单 位:上海城投水务(集团)有限公司

上海城投水务工程项目管理有限公司

上海市政工程设计研究总院(集团)有限公司

主要起草人:周　骅　陈　广　叶源新　蒋玲燕　姚　杰

裘　湛　王丽花　李　震　张　赟　任　毅

陶　珺　林冰洁　顾　萍　潘　炜　童　飞

魏海娟　肖　军　胡启源　聂　静　邱月宁

杨　雪　白海梅　杜　炯　王　盼　刘战广

董　磊

主要审查人:徐　斌　傅　威　贾　磊　陈其楠　康俊生
谭学军　黄　瑾

上海市建筑建材业市场管理总站

目　次

Contents

1 总 则

1.0.1 为规范本市城镇污水处理厂恶臭气体治理工程的设计、施工、验收和运行管理，维护污水处理厂内外的良好环境，保障人员健康安全，制定本标准。

1.0.2 本标准适用于本市现有、新建、扩建和改建的城镇污水处理厂恶臭气体治理工程的设计、施工、验收和运行管理。

1.0.3 城镇污水处理厂恶臭气体治理工程的设计、施工、验收和运行管理，除应符合本标准外，尚应符合国家、行业和本市现行有关标准的规定。

2 术　语

2.0.1　间歇性臭气源　intermittent sources of odors

污水处理厂污水、污泥和固体废弃物处理处置过程中，产生有时间间隔臭气的构筑物和设备，如污泥卸料过程。

2.0.2　单层密闭　single level cover

在产生恶臭气体的设施或设备外部增加一层密闭罩（盖），使臭气与外界环境分隔开来的密闭形式，仅在检修时有工作人员进入该密闭罩（盖）内部。

2.0.3　双层密闭　dual level covers

在单层密闭的外部再增加一层密闭罩（盖）的密闭形式。

2.0.4　生物处理工艺　biotechnological treatment of odors

利用微生物的代谢作用降解恶臭污染物，去除臭气污染物的处理方法。

2.0.5　化学洗涤处理工艺　chemical odor scrubbing system

采用含酸碱、化学氧化剂等物质作洗涤剂，与恶臭气体充分接触混合，使恶臭气体中的污染物与洗涤剂中的化学药剂发生反应，去除臭气污染物的处理方法。

2.0.6　离子处理工艺　plasma system for odor treatment

当外加电压达到一定程度时，气体被击穿产生高能电子、各种离子、原子和自由基的混合体，在高能电子和自由基的多重作用下，与目标污染物发生一系列氧化还原反应，去除臭气污染物的处理方法。

2.0.7　吸附处理工艺　adsorption system for odor treatment

利用多孔固体材料（活性炭、硅胶、沸石分子筛、活性氧化铝等）的吸附选择性不同，将恶臭气体中一种或多种污染物组分积聚或浓缩于吸附剂表面,使目标污染物组分从臭气中分离,去除臭气污染物的处理方法。

2.0.8 植物液处理工艺 essential oils for odor treatment

以天然植物的根、茎、叶、花等为原料,提取其中能和致臭成分发生反应的有效活性成分,经特殊工艺配制成植物提取液,利用该植物液与目标污染物进行接触反应,去除臭气污染物的处理方法。

2.0.9 标准状态 standard state

温度为 273.15 K、气压为 101.325 kPa 时的状态,本标准规定的气体污染物浓度、气体流量均以标准状态下的干气体为基准。

3 基本规定

3.0.1 城镇污水处理厂恶臭气体治理工程建设应采用成熟、可靠、先进的技术和设备，并应做到运行可靠、经济合理。

3.0.2 新建、扩建和改建的城镇污水处理厂恶臭气体治理工程应与主体工程同步设计、同步施工和同步运行。

3.0.3 城镇污水处理厂恶臭气体污染物的排放，应满足现行上海市地方标准《城镇污水处理厂大气污染物排放标准》DB 31/982 和《恶臭(异味)污染物排放标准》DB 31/1025 的要求。

3.0.4 城镇污水处理厂人员工作场所的空气质量应符合下列规定：

1 人员工作场所的空气质量应满足现行国家标准《工作场所有害因素职业接触限值 第1部分：化学有害因素》GBZ 2.1 中有毒有害气体浓度接触限值的要求。

2 人员作业环境应无明显臭味，现场值班室或控制室等现场调度区域的臭气强度不宜超过1级，日常巡视区域的臭气强度不宜超过2级，采用双层隔离措施进行密闭的场所，其外层隔离密闭内的臭气强度不宜超过3级。臭气强度超过3级的作业区域，人员进入时应采取有效防护措施。

3 污水处理厂的办公和生活区域内应无臭味，厂内办公区、生活区、中央集控室等区域臭气强度不宜超过0级。

4 臭气强度等级宜按照表3.0.4划分执行。

表 3.0.4 臭气强度等级与恶臭污染物浓度范围关系

等级	0	1	2	3
硫化氢(mg/m^3)	$C<0.001$	$0.001\leqslant C<0.03$	$0.03\leqslant C<0.06$	$0.06\leqslant C<0.32$

续表3.0.4

等级	0	1	2	3
氨(mg/m^3)	$C<0.2$	$0.2\leqslant C<1$	$1\leqslant C<1.5$	$1.5\leqslant C<4$
甲硫醇(mg/m^3)	$C<0.0003$	$0.0003\leqslant C<0.004$	$0.004\leqslant C<0.007$	$0.007\leqslant C<0.02$
三甲胺(mg/m^3)	$C<0.0025$	$0.0025\leqslant C<0.05$	$0.05\leqslant C<0.08$	$0.08\leqslant C<0.45$
甲硫醚(mg/m^3)	$C<0.0005$	$0.0005\leqslant C<0.03$	$0.03\leqslant C<0.07$	$0.07\leqslant C<0.55$
臭气浓度(无量纲)	$C<10$	$10\leqslant C<20$	$20\leqslant C<30$	$30\leqslant C<60$

3.0.5 污水进入污水处理厂前或污水预处理阶段，宜从源头抑制或减少污水处理厂内恶臭气体的产生量，并防止恶臭气体扩散对周边环境造成污染。

3.0.6 城镇污水处理厂建设运行过程中，应采取合理的措施，抑制或减少污水处理厂厂区内污水、污泥处理和输送过程中恶臭气体的产生。

3.0.7 城镇污水处理厂恶臭气体治理工程中，对产生恶臭气体的设施或设备进行密闭收集时，应缩小密闭空间体积，减少恶臭气体的收集量。

4 密 闭

4.0.1 设施或设备密闭后，不应影响污水、污泥处理设施或设备的正常运行及检修。

4.0.2 恶臭气体处理系统正常运行时，密闭区域内应保持 5 Pa～10 Pa 的相对负压。

4.0.3 应针对目标区域的恶臭气体进行采样分析，依据恶臭气体的种类和浓度选择合理的密闭区域划分。

4.0.4 单层、双层密闭形式的选择，宜按照表 4.0.4 执行。

表 4.0.4 密闭形式选择

密闭形式	单层密闭	双层密闭
设施、设备	调蓄池、集水井、配水井、沉砂池、初沉池、生物反应池、污泥浓缩池、储泥池、污泥调理池等	格栅、污泥干化机、脱水机、堆肥机等

4.0.5 密闭材料应符合下列规定：

1 密闭罩（盖）应选用具有抗老化和抗紫外线功能的材料，使用寿命不低于 10 年，使用寿命内密闭罩（盖）材料的耐载荷强度不得低于设计值。

2 密闭材料宜选择有机玻璃钢、不锈钢、氟碳纤膜、卡普隆板、混凝土等材料。

3 巡检或操作中有采光需求时，应在满足强度要求的前提下选用透光性好的材质。

4 构筑物表面安装密闭罩（盖）时，应在构筑物与密闭罩（盖）连接处填充密封条，密封条应选用耐腐蚀、抗老化的材料。

4.0.6 密闭罩（盖）设置的孔、口、窗、门应符合下列规定：

1 设置孔、口、窗、门后的密闭罩（盖），强度应不低于设计值。

2 密闭区域应设置真空度检测孔和气体采样口，检测孔和采样口的数量应与密闭区域面积匹配，真空度检测孔应设置于远离抽风口且便于检测的位置，气体采样口应设置于便于操作人员使用的位置。

3 污水处理各个工艺环节处应分别设置水质采样孔；无法设置水质采样孔时，宜设置自动水质采样装置。

4 密闭区域应设置观察窗、活动盖板、检修孔、移窗、移门，污水处理设施的进水闸门、内外回流闸门等连接处应设置检修孔。

4.0.7 密闭区域的防腐应符合下列规定：

1 密闭后的污水处理构筑物钢筋混凝土池内壁均必须进行防腐处理，防腐要求应符合现行国家标准《工业建筑防腐蚀设计标准》GB/T 50046 的规定。

2 单层密闭区域内的电气仪表防腐等级应达到现行行业标准《户内户外防腐低压电器环境技术要求》JB/T 9536 中的 WF2 等级要求。

4.0.8 密闭区域外应留有足够的巡视检修空间，对于密闭后无法正常巡视的区域，宜配置自动巡视装置。

4.0.9 双层密闭的人员巡视区域，应设置有毒有害气体检测与声光报警装置，存在易燃易爆气体的密闭区域，应设置可燃气体检测与声光报警装置，并在入口处安装数字显示屏，实时显示有毒有害气体和易燃易爆气体的浓度。

5 收　集

5.0.1 城镇污水处理厂厂区内产生的恶臭气体应通过合理布置的收集管路进行有效收集，密闭区域内不应积聚恶臭气体。

5.0.2 收集系统设计时宜进行数学模型模拟，模拟气流轨迹、流态、流速、扩散形式等参数，应选择有效、经济的收集方式。

5.0.3 收集系统设计时应对臭气源进行分类，同类臭气源应统一收集，性质不同、浓度差异较大、排放规律差异较大的臭气源应分别收集。

5.0.4 恶臭气体收集气量应符合下列规定：

1 恶臭气体的设计收集风量应考虑最恶劣情况下的恶臭气体产生量。

2 恶臭污染物浓度较高的池体构筑物，恶臭气体收集气量宜按单位水面积恶臭气体收集气量 10 $m^3/(m^2 \cdot h)$计算，并增加 2 次/h 的空间换气量。

3 恶臭污染物浓度较低的池体构筑物，恶臭气体收集气量宜按单位水面积恶臭气体收集气量 3 $m^3/(m^2 \cdot h)$计算，并增加 2 次/h 的空间换气量。

4 恶臭污染物浓度较高的设备、设施密闭空间，恶臭气体收集气量宜按 10 次/h～12 次/h 的空间换气量计算。

5 恶臭污染物浓度较低的设备、设施密闭空间，恶臭气体收集气量宜按 4 次/h～8 次/h 的空间换气量计算。

6 污泥卸料区等间歇性臭气源恶臭气体收集量，宜按照 15 次/h～20 次/h 的空间换气量计算，密闭区域内的臭气浓度应在臭气停止产生 5 min 内恢复至周边环境水平。

7 有人员进入操作的密闭区域，应设置新风系统，新风输入量应结合空间体积和人员安全健康因素进行设置，换气次数宜为4次/h～6次/h。

8 对于有曝气（或送风）的污水处理设施，恶臭气体收集风量应在换气次数的基础上增加1.1倍的曝气（或送风）风量。

5.0.5 恶臭气体收集管路应符合下列规定：

1 恶臭气体收集管路不宜采用直接埋地的敷设方式，埋地敷设时宜敷设于综合管廊。

2 收集管路应有不小于0.005的坡度，在风管最低处应设置冷凝水排放口，冷凝水应收集排放至污水井或污水处理设施。

3 恶臭气体处理装置的进出口管路上应设置在线气体流量监测仪表，收集管路的干管、支管上应设置介质种类和流向标识，各支管上应设置气体流量指示计和调节风阀。

4 恶臭气体收集管路应选用有机玻璃钢、不锈钢等不易腐蚀的材质，应采用易于拆卸检修的安装方式。

5 收集管路与风机等振动源相连接时，应采用柔性结构连接，并采取隔振降噪措施。

6 收集管路的安装高度应满足巡检人员和特种车辆的通行需要。

6 处 理

6.1 一般规定

6.1.1 恶臭气体处理工艺设计时，应针对目标区域恶臭污染物种类和浓度，选择经济合理、节能环保、绿色低碳、维护便捷性的处理工艺。恶臭污染物浓度较低时，宜选用生物处理工艺；恶臭污染物浓度较高时，宜选用生物处理工艺辅以化学洗涤工艺的组合处理工艺；恶臭污染物浓度极高时，宜增加预水洗处理工艺及多级化学洗涤工艺。

6.1.2 恶臭气体处理装置设计时，应明确处理装置高峰负荷。

6.1.3 恶臭气体处理装置进风管和排气筒应按现行行业标准《固定源废气监测技术规范》HJ/T 397 和现行上海市地方标准《大气污染物综合排放标准》DB 31/933 的相关规定设置气体采样点和采样平台。

6.1.4 恶臭气体处理装置应选用耐腐蚀材料，处理装置应密封良好。

6.2 生物处理工艺

6.2.1 生物处理工艺中应设置压差计、液位计、温度计等仪器仪表，生物滴滤工艺中应设置 pH 计。

6.2.2 采用生物处理工艺时，填料应选择强度高、孔隙大、不易堵塞的材料，使用寿命不应低于 10 年。

6.2.3 生物处理工艺的恶臭气体处理装置应采用耐强酸的材质，并采取可靠的防腐措施。

6.3 化学洗涤处理工艺

6.3.1 采用化学洗涤工艺时，应选择安全可靠、经济高效的药剂，不宜使用高浓度的酸、碱溶液。

6.3.2 化学洗涤工艺中应设置压差计、液位计、pH 计、ORP 计等仪器仪表。

6.3.3 选用化学药剂的结晶温度应低于使用地点最低室外气温。

6.3.4 多套化学洗涤装置串联运行时，应根据污染物种类，选择化学药剂使用次序和投加点。

6.3.5 药剂储罐应就近设置加药泵，药剂储罐进药接口应选择耐腐蚀、耐老化材质，并设置防滴漏装置，药剂投加管路连接处应设置防溅套。

6.3.6 药剂储罐应采用抗老化、耐紫外、耐腐蚀的材料，使用寿命不应低于 10 年。

6.3.7 药剂投加管路应设置耐腐蚀的计量装置。

6.3.8 药剂储罐区域应设置围堰，围堰应可靠防腐，容积应大于药剂储罐最大储存量。

6.3.9 药剂储罐区域应设置药剂泄漏应急处置装置。

6.3.10 药剂储罐区域应设置防雨遮阳棚，高度应满足化学储罐的维护检修要求。

6.4 其他处理工艺

6.4.1 离子法恶臭气体处理装置进口处宜设置除雾装置，反应区应采用耐腐蚀材料，处理装置应密封良好。

6.4.2 离子法恶臭气体处理装置进口可燃成分浓度应低于其爆炸下限浓度的 10%。

6.4.3 采用离子法用于新风系统时，离子新风装置出口离子浓度不应低于 20 000 个/cm^3。

6.4.4 采用吸附法恶臭气体处理工艺时，吸附时间、再生次数和更换周期等参数应满足设计要求。

6.4.5 活性炭吸附装置宜作为应急备用恶臭气体处理装置。

6.4.6 植物型除臭剂的技术指标应符合现行行业标准《生活垃圾除臭剂技术要求》CJ/T 516 中植物型除臭剂技术指标的要求，植物液喷淋装置宜作为辅助恶臭气体处理装置。

6.5 组合处理工艺

6.5.1 组合处理工艺应以生物处理工艺为主处理工艺，工艺顺序串联宜为生物处理、化学洗涤、离子法和活性炭吸附。

6.5.2 组合处理工艺应对不同工艺之间的衔接性与连续性进行优化，不应将衔接性不佳的工艺强行串联，同时应对组合处理工艺的整体环境效益及综合成本进行评估。

6.5.3 当恶臭气体处理装置进气中含有灰尘等颗粒时，可设置水洗除尘等预处理措施。

6.5.4 工艺风管上应安装密封性良好的风阀，风阀可切换串联处理装置的先后顺序。

6.5.5 组合工艺恶臭气体处理装置各工艺段间，应设置超越风管，在应急情况下超越部分处理装置后，总排口恶臭气体应稳定达标。

6.5.6 组合处理工艺各处理装置之间应设置气体采样点，宜设置主要污染物在线气体检测仪表。

6.6 工艺用水

6.6.1 工艺用水宜取用污水处理厂厂内再生水，水质应符合表 6.6.1 的要求。

表 6.6.1 恶臭气体处理工艺用水水质要求

项目	化学需氧量	悬浮物	总氮	氨氮	总磷	pH
标准(mg/L)	≤50	≤10	≤15	≤5	≤0.5	6～9

6.6.2 工艺用水水量、水压应满足恶臭气体处理装置高峰用水需求。

6.6.3 工艺用水取水系统应多点取水，任一取水点检修时，水量、水压应能满足全部工艺用水需要。

6.6.4 工艺用水管路应为环状管网，主管网每隔一定距离应设置阀门，用水装置与环网连接的支管上应设置单独阀门和压力表。

6.6.5 工艺用水控制系统应具备实时显示水量、水压数据和故障报警功能。

6.6.6 工艺用水管路上不应装设取水接口。

6.7 工艺管路

6.7.1 给排水管路、加药管路等工艺管路应采取保温措施。

6.7.2 工艺管路应有气体、液体走向标识，阀门应有开关标识。

6.7.3 工艺废水的压力管路和重力管路应分别敷设，不应相互连通。

6.7.4 恶臭气体处理装置的溢流管路应设置存水弯，水封高度应根据实际设计风压进行计算，并增加 5 cm 的设计余量。

6.7.5 恶臭气体处理装置的补水、排水控制方式，宜采用液位自动控制。

6.8 自动化控制

6.8.1 恶臭气体处理装置应具备就地、远程和自动控制功能，电气和自控系统应符合现行行业标准《城镇排水系统电气与自动化工程技术标准》CJJ/T 120 的规定。

6.8.2 恶臭气体处理装置应自动运行，在线仪表数据、设备故障信息、设备运行状态等信息应实时记录并上传中央控制室数据库。

6.8.3 恶臭气体处理装置应自动实时记录风机风压、电流、风量、硫化氢及主要污染物进出口浓度等操作参数，应自动记录生物、化学处理装置的循环喷淋液 pH 值、喷淋流量和补水量，还应自动记录植物液喷淋装置的植物液投加量、喷雾压力等运行参数。

6.9 处理装置应符合的其他规定

6.9.1 恶臭气体处理装置主要关键设备应设置备用设备，风机、水泵等设备的备用率应符合现行国家标准《室外排水设计规范》GB 50014 中相关要求。

6.9.2 恶臭气体处理装置应配套设置除雾器，除雾器对粒径大于 25 μm 的雾粒去除率应大于 99%。

6.9.3 生物处理装置或使用酸性药剂的化学洗涤装置与排气筒之间应设置除雾装置。

6.9.4 恶臭处理装置工艺废液宜设置 pH 调节装置，排放厂内污水管网的 pH 值应控制在 6～9 范围内。

6.9.5 生物和化学恶臭气体处理装置应在合理位置设置工艺循环液、工艺废液采样点。

6.9.6 生物和化学恶臭气体处理装置应设置便于查看喷淋状况的观察窗。

6.9.7 生物和化学恶臭气体处理装置的底部宜设置一定坡度，并设置集泥斗，放空管路宜设置在集泥斗内。

6.9.8 恶臭气体处理装置应设置用于清洗喷淋头和投加填料的检修孔，矩形检修孔尺寸不应小于 1 000 mm×1 000 mm，圆形检修孔直径不应小于 1 200 mm。

7 排放及监测

7.0.1 城镇污水处理厂厂界、排气筒的气体排放和监测应符合现行上海市地方标准《城镇污水处理厂大气污染物排放标准》DB 31/982和《恶臭(异味)污染物排放标准》DB 31/1025 的规定。

7.0.2 当处理后的恶臭气体采用高空排放时,应设置避雷设施,室外采用金属外壳的排放装置应采取接地措施。

7.0.3 排气筒的高度和间距应符合现行上海市地方标准《恶臭(异味)污染物排放标准》DB 31/1025 和《大气污染物综合排放标准》DB 31/933 的规定。

7.0.4 排气筒底部应设置排水口,产生的废水应就近排入污水管路。

7.0.5 厂界及排气筒应设置精度符合要求的在线环境气体监测装置,相关信号上传至污水处理厂中央控制室,中央控制室数据库应保留连续 2 年及以上的运行参数记录。

7.0.6 中央控制室内的恶臭气体处理装置监控系统,应能显示恶臭气体处理装置的运行参数和设备状态,且能计算、统计受控设备的连续和累计运行时间,并自动生成相应报表。

7.0.7 厂界及排气筒恶臭污染物自行监测指标、频次,应符合现行行业标准《大气污染物无组织排放监测技术导则》HJ/T 55、《固定源废气监测技术规范》HJ/T 397 和《排污单位自行监测技术指南总则》HJ 819 的要求。

8 验 收

8.1 一般规定

8.1.1 恶臭气体治理工程的密闭、收集、处理均应符合环境影响评价和设计的要求。

8.1.2 设备、管线的安装应符合设计要求，设备的单机调试应验收合格，材料、产品的规格、型号、数量、外观质量、出厂合格证等技术资料应符合相关标准和规范的要求。

8.2 工程质量验收

8.2.1 密闭区域内应维持 5 Pa～10 Pa 的相对负压。

8.2.2 收集系统应符合下列要求：

1 管道的漏风量检测应符合现行国家标准《通风与空调工程施工质量验收规范》GB 50243 的有关规定。

2 恶臭气体收集管道外形完好，接缝不应裂开、泄漏。

3 恶臭气体收集管路的干管、支管风速应满足设计要求。

4 恶臭气体处理装置实际进气量不应低于设计总风量的 90%。

$$\eta = \frac{Q_1}{Q} \times 100\% \tag{8.2.2}$$

式中：η——气体收集效率（%）；

Q_1——恶臭气体处理装置进口实际总风量（Nm^3/h）；

Q——恶臭气体处理装置设计风量（Nm^3/h）。

8.2.3 气流组织状况的检测方式应符合下列要求：

1 检测气流组织状况时，宜采用干冰或有色烟雾实施气流组织示踪。

2 观察干冰、烟雾气流运动状态的位置应为密闭区域的最不利点，最不利点处应无气体聚集现象，气体流动应均匀。

3 密闭示踪验证区域宜对恶臭气体治理工程全面覆盖。

8.3 气体排放验收

8.3.1 厂界和排气筒排放气体应同时满足环境影响评价和设计中关于排放限值要求。

8.3.2 恶臭污染物去除效率按下列公式进行计算：

1 针对臭气浓度指标，按下式计算：

$$P=\frac{C_1-C_2}{C_1}\times 100\% \qquad (8.3.2\text{-}1)$$

式中：P——污染物处理设施的污染物去除效率（%）；

C_1——恶臭污染物处理设施进口臭气浓度（无量纲）；

C_2——恶臭污染物处理设施出口臭气浓度（无量纲）。

2 其余恶臭污染物去除效率，按下式计算：

$$P=\frac{\sum C_{前}\times Q_{前}-\sum C_{后}\times Q_{后}}{\sum C_{前}\times Q_{前}}\times 100\% \qquad (8.3.2\text{-}2)$$

式中：P——处理设施的污染物去除率（%）；

$C_{前}$——进入污染物处理设施前的污染物浓度（mg/Nm^3）；

$Q_{前}$——进入污染物处理设施前的气体流量（Nm^3/h）；

$C_{后}$——经最终处理后排放入环境空气的污染物浓度（mg/Nm^3）；

$Q_{后}$——经最终处理后排放入环境空气的气体流量（Nm^3/h）。

当污染物处理设施有多个来源的臭气时，应以各来源臭气的污染物总量为“处理前”，以污染物处理设施总出口为“处理后”进行计算；当污染物处理设施有多个排放口，则以各排放口的污染物总量为“处理后”进行计算。

8.3.3 恶臭气体污染物去除效率应按照本标准第8.3.2条中的公式进行计算，去除效率应符合下列要求：

1 生物处理工艺恶臭气体污染物去除率应大于90%。

2 化学处理工艺、吸附处理工艺对污染物去除率宜大于90%。

3 离子处理工艺对污染物去除率宜大于50%。

4 组合工艺恶臭气体污染物总去除率应大于95%。

8.3.4 当处理后的污染物浓度、速率已满足排放标准要求时，可不对处理装置的污染物去除率做相应要求。

8.4 安全措施验收

8.4.1 涉及危险化学品的区域应配备冲淋洗眼器、化学品防流散等装置。

8.4.2 恶臭气体处理系统周边应设置职业危害因素告知、危险源告知、风险告知等安全标识标牌。

8.4.3 密闭设施设备及其周围应有导流、排水措施，地面应进行防滑、防腐处理。

8.4.4 恶臭气体处理区域的照明应符合现行国家标准《建筑照明设计标准》GB 50034的规定。

8.4.5 风机、水泵应具备隔振降噪措施，厂界噪声应符合现行国家标准《工业企业厂界环境噪声排放标准》GB 12348的要求。

8.4.6 离子法恶臭气体处理装置产生的辐射量应符合现行国家标准《工作场所有害因素职业接触限值　第2部分：物理因素》GBZ 2.2的规定；涉及产生紫外光或微波的处理装置，应设置安全警示标志。

8.4.7 禁止踩踏的密闭罩（盖）周围应设置护栏和标识。

9 运行管理

9.0.1 城镇污水处理厂应根据环境影响评价、排污许可证的要求，结合现行行业标准《城镇污水处理厂运行、维护及安全技术规程》CJJ 60、《城镇污水处理厂运行监督管理技术规范》HJ 2038、《城镇污水处理厂臭气处理技术规程》CJJ/T 243 和现行上海市地方标准《城镇污水处理厂大气污染物排放标准》DB 31/982 等标准对恶臭气体处理系统的运行管理要求，建立企业恶臭气体处理系统运行管理的制度。

9.0.2 运行单位应建立恶臭气体处理系统检维修、非正常排放、系统运行情况以及污染物监测等台账记录。

9.0.3 密闭系统的运行管理应符合下列规定：

1 密闭区域内的真空度和恶臭污染物浓度宜每年进行 1 次检测，针对气体收集不均的情况，应及时调节收集系统的各阀门开度。

2 定期检查密闭罩（盖）、检查口、采样口的完好情况，破损处应及时检修。

3 定期应对玻璃钢材质的密闭罩（盖）的强度进行检测，当强度低于设计值时，应进行更换。

9.0.4 收集系统的运行管理应符合下列规定：

1 恶臭气体处理系统的收集风量应每年进行 1 次检测，并使用本标准第 8.2.2 条第 4 款的方法，对总风量进行衡量、比对，对于风量偏离设计值较大的恶臭气体处理系统应及时查找原因并采取调整措施。

2 收集风管中的冷凝水宜每周进行 1 次排放，冷凝水较多时，应增加排放频次。

3　收集风管中的流量指示计宜每年进行1次清洗，对老化严重的流量指示计应进行更换。

9.0.5　生物法恶臭气体处理装置运行管理应符合下列规定：

1　采用炭质填料的生物法恶臭气体处理装置，应定期检查填料的粉化、开裂情况，对粉化的填料和杂质应及时筛除。

2　生物法处理装置的喷淋效果宜每季度检查1次，喷嘴堵塞时应及时清洗。

3　生物法处理装置底部的杂质累积情况宜每半年进行1次检查，杂质积累较多时应及时清理。

4　生物滤床的阻力值宜每季度进行1次检测，阻力值出现异常变化时，应及时查明原因并进行调整。

5　根据进入处理装置的恶臭气体浓度的变化，及时调整生物处理装置的气液比等工艺参数。

9.0.6　化学洗涤恶臭气体处理装置运行管理应符合下列规定：

1　化学洗涤恶臭气体处理装置，应保障药剂供给。

2　化学洗涤恶臭气体处理装置的喷嘴、填料、塔底宜每半年进行1次清洗，根据填料塔的压降上升情况，及时对填料进行清洗或更换。

3　根据进入恶臭气体处理装置的恶臭气体浓度情况，及时调整气液比、喷淋液pH值、喷淋液ORP值等工艺运行参数。

9.0.7　离子法恶臭气体处理装置的运行管理应符合下列规定：

1　离子法恶臭气体处理装置的过滤器和离子灯管应定期进行清洁或更换。

2　离子法新风处理装置出口的离子量宜每季度进行1次检测，根据离子量衰减情况及时调节离子发生器的功率。

9.0.8　吸附法恶臭气体处理装置的运行管理应符合下列规定：

1　密切注意吸附设施的压降值，吸附剂出现粉化堆积时，应及时更换。

2　结合装置出口恶臭气体浓度情况，及时对吸附剂进行再生或更换。

9.0.9 其他运行管理规定，应符合下列规定：

1 风机、循环水泵等关键设备，应定期进行维护保养。

2 控制柜的电气元器件应每月进行1次检查，发现异常应及时处理。

3 硫化氢、氨气等在线监测仪表宜每季度进行1次校准、比对，pH、ORP、流量计等在线监测仪表应每月进行校准、比对。

4 恶臭气体处理装置的在线硫化氢、氨气等监测数据应每天进行分析，针对异常情况应进行记录。

5 操作人员巡视期间，应随身携带便携式硫化氢等有毒有害气体报警仪，报警仪每年应进行1次校验。

6 运行过程中产生的一般固废应及时清理，对于危险固废、废酸和废碱应委托具有危废处理处置资质的专业单位进行无害化处理和处置，不得随意堆放或丢弃。

10 检修维护

10.0.1 运行单位应建立恶臭气体泄漏或恶臭气体处理系统停运的应急处置预案，恶臭气体处理系统涉及非正常工况运行时，应根据现场情况，采取应急处理措施，恶臭气体应达标排放。

10.0.2 密闭和收集系统检修时，应符合下列规定：

1 拆除密闭罩(盖)、拆除收集风管、检修单层隔离密闭内设备或设施时，应针对外逸的恶臭气体采取应急处理措施，降低恶臭气体外逸对环境的影响。

2 检修双层隔离密闭内设备或设施时，不宜拆除外层密闭罩(盖)，应加强外层密闭罩(盖)内的通风，作业人员应佩戴安全防护用具进行检修作业。

3 拆除和安装密闭罩(盖)时，应轻取轻放，避免碰撞。

4 恢复密闭罩(盖)、收集管路时，应根据本标准第8章的相关要求进行验收。

10.0.3 恶臭气体处理装置检修时，应符合下列规定：

1 由组合工艺组成的处理装置，应超越需要检修的工艺段，恶臭气体应达标排放。

2 仅设置有单一处理装置的情况下，宜将应急(备用)恶臭气体处理装置接入收集系统后端进行使用，恶臭气体不得未经处理直接排放。

3 使用氢氧化钠、次氯酸钠药剂的化学洗涤恶臭气体处理装置，应根据填料表面结垢状况，定期对填料进行清洗。

4 生物法、化学洗涤恶臭气体处理装置的支撑结构应定期进行检查，出现腐蚀等情况时，应进行加固和防腐。

10.0.4 对恶臭气体处理装置的风机、水泵和相关附属设备进行检修时，应开启备用设备，不应影响整套系统的正常运行。

10.0.5 定期应对密闭罩（盖）下的池体结构防腐层进行检查，发现防腐层松动、脱落时，应及时进行重新防腐处理。

10.0.6 人员进入生物箱体、化学箱体、密闭区域等存在恶臭气体的封闭区域，必须穿戴好专业的密闭空间防护用具。

本标准用词说明

1 为便于在执行本标准条文时区别对待，对要求严格程度不同的用词说明如下：

1） 表示很严格，非这样做不可的用词：
正面词采用“必须”；
反面词采用“严禁”。

2） 表示严格，在正常情况下均应这样做的用词：
正面词采用“应”；
反面词采用“不应”或“不得”。

3） 表示允许稍有选择，在条件许可时首先应这样做的用词：
正面词采用“宜”；
反面词采用“不宜”。

4） 表示有选择，在一定条件下可以这样做的用词，采用“可”。

2 条文中指明应按其他有关标准执行的写法为：“应符合……的规定”或“应按……执行”。

引用标准名录

1 《工业企业厂界环境噪声排放标准》GB 12348
2 《恶臭污染物排放标准》GB 14554
3 《城镇污水处理厂污染物排放标准》GB 18918
4 《建筑结构载荷规范》GB 50009
5 《室外排水设计规范》GB 50014
6 《建筑照明设计标准》GB 50034
7 《通风与空调工程施工质量验收规范》GB 50243
8 《工业建筑防腐蚀设计标准》GB/T 50046
9 《工作场所有害因素职业接触限值　第1部分:化学有害因素》GBZ 2.1
10 《工作场所有害因素职业接触限值　第2部分:物理因素》GBZ 2.2
11 《密闭空间作业职业危害防护规范》GBZ/T 205
12 《城镇污水处理厂运行、维护及安全技术规程》CJJ 60
13 《城镇排水系统电气与自动化工程技术标准》CJJ/T 120
14 《城镇污水处理厂臭气处理技术规程》CJJ/T 243
15 《生活垃圾除臭剂技术要求》CJ/T 516
16 《排污单位自行监测技术指南　总则》HJ 819
17 《城镇污水处理厂运行监督管理技术规范》HJ 2038
18 《大气污染物无组织排放监测技术导则》HJ/T 55
19 《固定源废气监测技术规范》HJ/T 397
20 《户内户外防腐低压电器环境技术要求》JB/T 9536
21 《大气污染物综合排放标准》DB 31/933
22 《城镇污水处理厂大气污染物排放标准》DB 31/982
23 《恶臭(异味)污染物排放标准》DB 31/1025

上海市工程建设规范

城镇污水处理厂恶臭气体治理技术标准

DG/TJ 08—2385—2021
J 15943—2021

条文说明

2022 上海

目　次

Contents

1 总 则

1.0.1 本标准主要适用于上海市城镇污水处理厂(包括污水和污泥处理)、城市集中式污泥处理厂(中心)的恶臭气体治理工程,城镇污水提升泵站、合流泵站进行恶臭治理系统的设计在条件相同时,也可使用本标准。

1.0.2 现有的城镇污水处理厂恶臭治理工程的运行管理可按照本标准执行。

3 基本规定

3.0.3 上海市地方污染物排放标准《城镇污水处理厂大气污染物排放标准》DB 31/982—2016 仅对厂界和排气筒恶臭污染物的排放浓度做出了相应要求，《恶臭（异味）污染物排放标准》DB 31/1025—2016 不仅规定了厂界和排气筒恶臭污染物排放的浓度限值，还规定了恶臭污染物经排气筒排放的速率限值，并且 DB 31/1025 规定的指标比 DB 31/982 要多。城镇污水处理厂应优先满足 DB 31/982 的要求，DB 31/982 中未规定的指标参考 DB 31/1025，排气筒恶臭污染物（如硫化氢、甲硫醇和氨）排放的速率参照 DB 31/1025 规定限值执行。

3.0.4 人员工作场所的空气质量应符合下列规定：

2 现场值班室或控制室等现场调度区域不与臭气直接接触，因而臭气强度要求较高；日常的巡视区域包括了室内、室外各设备设施的巡视范围。

4 排放标准的选择还应考虑人员职业健康和人员作业舒适度的要求，作业、办公和生活区域的环境均应无臭味。表 3.0.4 将臭气强度等级与污染物浓度关系进行了划分，采用表 3.0.4 对臭气强度进行评价时，先将各单项指标单独进行评价，再选取臭气强度级数的大值为臭气强度最终评价级数。

臭气强度等级与恶臭污染物浓度限值的关系借鉴了现行国家标准《恶臭污染物排放标准》GB 14554、《城镇污水处理厂污染物排放标准》GB 18918 中等级划分。

气体检测推荐方法如下：硫化氢的检测方法可按照现行上海市地方标准《城镇污水处理厂恶臭污染物排放标准》DB 31/982 中的亚甲基蓝分光光度法，氨的检测方法可按照现行行业标准《环境空气和废气氨的测定纳氏试剂分光光度法》HJ 533，甲硫醇、甲硫醚的检测方法可按照现行国家标准《空气质量硫化氢、甲硫醇、甲硫醚和二甲二硫的测定气相色谱法》GB/T 14678，臭气浓度的检测方法可按照现行国家标准《空气质量恶臭的测定三点比较式臭袋法》GB/T 14675，三甲胺的检测方法可按照现行国家标准《空气质量三甲胺的测定气相色谱法》GB/T 14676。

3.0.5 生活污水通过排水管路长距离输送至污水处理厂的过程中，污水中的有机物在厌氧环境中被微生物分解为致臭物质，如硫醇、硫醚等。在进污水处理厂前的输送过程中或者城镇污水处理厂预处理段破坏污水的厌氧环境，将会减少污水处理厂内恶臭气体的产生量，同时由于恶臭气体产生量减少，也会减轻对污水厂内设备设施的腐蚀。或者不破坏厌氧环境，通过工程措施，将产生的致臭物质通过沉淀等形式从污水中脱离，也可以减少气态中恶臭污染物的含量，降低污水厂后续工艺段的除臭费用。

3.0.6 污水处理厂内污水和污泥输送是恶臭气体产生量较大的过程，降低污水处理过程中的水头跌落高度，可以减少污水的翻动，从而减少污水中恶臭组分的逸出。

3.0.7 污水处理厂内各水处理构筑物通常面积较大，按换风次数换算成抽风量后可能需要建设规模较大的除臭设施。若采用紧贴水面的方式进行密闭以减少恶臭气体收集空间，可以减少恶臭气体收集量、缩小除臭设施规模。

4 密 闭

4.0.1 不管对现有污水处理厂进行恶臭气体治理改造，还是新建污水处理厂配套恶臭气体治理工程，恶臭气体治理工程中的密闭系统均不能影响污水、污泥处理设施的检修作业。

4.0.2 密闭区域位于风机前端，恶臭气体处理系统在正常运行时，密闭区域内是处于微负压状态的。

4.0.3 污水、污泥组分比较复杂，不同污水、污泥散发出的恶臭污染物组成、臭味阈值、腐蚀性、刺激性均不相同。密闭前需对臭气源正常工况和非正常工况下恶臭污染物的组成、浓度、扩散形式进行数据收集和分析，综合密闭形式、密闭材质、支撑方式、耐久性、经济性、运行维护的便利性等各方面进行比选，对密闭区域进行合理划分。

4.0.4 对于配水井、调配井、沉砂池、初沉池、生反池、污泥浓缩池、储泥池等散发臭气的水处理构筑物，在最高设计运行水位基础加上一定超高水位的位置使用低盖全密闭，能使臭气收集空间最小，臭气收集量最小。

对于格栅、污泥干化机、脱水机、堆肥机等污泥处理设施，经常性需要操作人员进行日常操作或检修，使用单体全密闭时，密闭罩频繁被打开，仍然有部分臭气会散逸至外部大空间。因此，此类设施在经济合理的情况下考虑使用双层密闭，对设备使用单层密闭的同时将检修操作区域再次密闭隔离，确保日常操作、检修期间打开设备单层密闭后臭气也会被隔离在外层密闭区域内，不会散逸至巡视区域。

4.0.5 密闭材料应符合下列规定：

运行过程中，不仅需要考虑密闭罩（盖）经久耐用，还应考虑美观、经济等综合因素。此条对密闭材料的寿命、强度等提出了相应要求。

4.0.6 密闭罩(盖)设置的孔、口、窗、门应符合下列规定：

1 密闭盖板上布置孔、口、窗、门后，需校核开孔后对盖板整体强度的影响。

2 为确保密闭区域气流稳定、无短流及臭气积聚现象，需要在密闭区域每隔一定距离设置真空度监测孔。检测孔平时处于封闭状态，检测时使用专用仪器从检测孔伸入密闭区域检测真空度。为避免气流短流导致的检测不准确，检测孔位置选择在远离抽风口的位置。

为判断密闭区域内有无臭气积聚现象，需要在密闭区域设置气体采样孔以便采集密闭区域内的气体进行检测。气体采样口在条件许可的情况下，可用真空度监测孔代替。

3 为确保污水处理厂出水稳定达标，污水处理构筑物各取样点取样较频繁。为避免操作人员频繁打开取样口导致取样口损坏或密闭性能下降，可考虑安装自动水样采集装置。

4 污水、污泥处理构筑物或设备密闭后，必然对操作人员巡检、取样产生影响。对于日常巡检点需要设置观察窗，对于经常性检修的设备需要设置检修孔，观察窗、检修孔可由活动盖板、移窗、移门等形式代替。上述工艺窗、口需要选择在安全性好、便于操作人员操作的位置。

4.0.7 密闭区域的防腐应符合下列规定：

污水、污泥处理设施或设备被密闭后，恶臭气体在密闭区域内聚集，在有污水流动或湿度较大的位置会加剧仪表、设备的腐蚀。此条对全密闭区域内的仪表、设备、设施防腐等级提出了要求。

4.0.8 污水、污泥处理设施设备检修时需要一定的空间进行拆卸、吊装作业，加盖密闭以后必然会压缩操作空间。密闭盖板设计时需要考虑检修时的操作空间，避免紧贴设备增加设备拆卸难度。对于污水、污泥处理的已有设备设施，应预留足够检修空间和拆装密闭盖板所需要的施工机具操作空间。

污水处理构筑物、污泥处理设备被密闭后，必然对操作人员日常巡检产生影响。对巡检要求较高的区域或无法设置观察孔的区域，需设置例如自动巡检机器人、可移动摄像头等辅助巡检设备。巡检设备选用时，尽量选择图像清晰、故障率低、耐腐蚀性能好、可客观反映巡检区域内设施设备运行状况的设备。安装位置尽量选择在活动盖板或观察检修孔附近等便于维修更换的位置。

4.0.9 通过在出入口安装检测有毒有害气体数字仪表，可以让准备进入密闭区域的工作人员对密闭区域里面的状态有充分了解。

5 收　集

5.0.1 臭气源密闭后，收集管路的布设对恶臭气体的均匀、有效收集起关键性作用。需要通过有效的收集管路布设，确保密闭区域内各点的恶臭气体均被均匀收集，使得密闭区域内不存在部分区域臭气收集不到而导致臭气积聚，也不存在局部区域气体被大量收集而导致臭气浓度极低的情况。

5.0.2 通过使用数学模型软件对气流轨迹、流态、流速、扩散形式等进行模拟，可以较科学地在密闭区域挑选气体管路的安装点位，确定臭气的收集方式。

5.0.3 对臭气源密闭前，需要对恶臭气体进行采样分析，并依据密闭区域内主要恶臭污染物的类别，对臭气源进行分类，对同类臭气源进行统一收集。对性质不同，如酸性气体、碱性气体、有机气体的臭气源分别进行收集；对浓度差异较大，如恶臭污染物浓度高和恶臭污染物浓度低的臭气源应分别进行收集；对排放规律差异较大，如连续性排放和间歇性排放的臭气源应分别进行收集。

5.0.4 恶臭气体收集气量应符合下列规定：

1 对于不同的温度，污水中溶解恶臭气体的浓度是有差别的，同时厌氧微生物的活性也受到温度的影响，因而污水温度会影响臭气的产生量，确定收集风量时，需要考虑最恶劣情况下的恶臭气体产生量。

2 可参照表1对污水、污泥处理的池体构筑物和设备设施密闭空间内部恶臭污染物浓度高低进行划分。

表1　密闭空间恶臭污染物浓度划分

密闭区域	恶臭污染物浓度高	恶臭污染物浓度低
池体构筑物	进水池、配水井、水解酸化池、格栅池、初沉池、旋流沉砂池、污泥浓缩池、储泥池等	缺氧池、厌氧池、SBR池等
设备、设施密闭空间	脱水机、干化机、压滤机、污泥堆肥机等加罩后的密闭空间	1. 粗格栅间、细格栅间、膜格栅间、提升泵房等加罩后的密闭空间。 2. 污泥干化机房、污泥脱水机房、污泥焚烧机房等大空间

6　对于间歇性臭气源，如污泥卸料区域，仅在短时间卸料时产生臭气。风机可考虑间歇性运作，即在不产生臭气时，风机关闭或低频运行；在产生臭气时，风机开启或高频运行。为保证臭气在产生之后不在密闭区域内积累，设计的抽风量，应比连续性臭气源大，应尽快使密闭区域内的臭气浓度恢复到不产生臭气时候的水平。污泥卸料区域卸料完成后若立即打开仓门，卸料区内的恶臭气体将扩散至周边环境，对人员健康、厂区环境产生影响。根据运输车辆等待时间、更换频次等进行测算，卸料完成后 5 min 内打开仓门较为合适。5 min 内至少对密闭区域进行 1 次以上换气，因此换气量按 15 次/h～20 次/h 计算。

7　考虑作业环境对人员健康的影响，有人员进入操作的除臭密闭区域，应设置新风系统，降低人员作业时接触的臭气浓度。新风系统输入新风的换气次数略低于密闭区域恶臭气体的收集换气次数，建议新风系统的换气次数为 4 次/h～6 次/h。

8　密闭区域内需要整体保持负压状态，因而对密闭区域内存在送风、鼓风曝气等情况时，收集气量需要将送风量考虑在内。

5.0.5　恶臭气体收集管路应符合下列规定：

1　收集管路采用埋地敷设时，不便于运行过程中的检修和管理，并且地面的沉降也会对管路造成影响，因此不建议采用埋地敷设。

2 从污水池中收集到的气体，含湿量一般都比较大，在冬季气温较低时，污水温度一般是高于环境温度的，因此收集的气体在输送过程中遇冷，水汽便会在气体管路中冷凝。在设计过程中需要考虑冷凝水的排放问题，避免冷凝水的积聚。

3 从运行角度考虑，在除臭装置的进口和出口配置在线气体流量监测仪器，便于运行中及时了解气体的收集情况和处理的排放情况。在收集管路的干管、支管上设置介质种类和流向标识，清楚直观，便于运行中的故障排查和解决。支管上的流量指示计可直观显示气体流量情况。调节风阀主要用于调整各收集管路始端收集风量，保证臭气的均匀收集。

4 常见的城镇污水厂的臭气成分如硫化氢，臭气一般具有腐蚀性，并且含湿量较高，因此收集管路应具有防腐蚀性能。在对水池内部进行检修时，需要拆装密闭罩和收集管路，收集管路需要做到便于拆卸，降低后续运行检修成本。

6 处 理

6.1 一般规定

6.1.1 城镇污水处理厂内，不同处理构筑物所产生的臭气组分、臭气浓度均不相同。根据日本下水道事业团《脱臭设备设计指南》，不同处理设施对各构筑物原臭气浓度数值的影响见表2。

表2 各构筑物原臭气浓度数值

浓度区域	构筑物设施	臭气浓度（无量纲）	硫化氢（ppm）	甲硫醇（ppm）	甲硫醚（ppm）	二甲二硫（ppm）	氨（ppm）
低浓度区	格栅、沉砂池	980	0.52	0.014	0.011	0.003	0.28
	初沉池	980	0.59	0.065	0.037	0.005	0.35
	设定值	1 000	0.60	0.070	0.040	0.005	0.40
高浓度区	污泥浓缩池	55 000	23	0.71	0.12	0.052	0.45
	储泥池	31 000	84	17	0.81	1.100	0.95
	污泥脱水机房	55 000	21	1.6	0.36	0.040	2.00
	臭气捕集量加权平均值	65 000	24	2.0	0.33	0.360	1.20
	设定值	70 000	30	3.0	0.40	0.400	2.00

对于不同种类和浓度的臭气，适用的臭气处理工艺也不同。《环境工程技术手册：废水污染控制技术手册》（潘涛等，化学工业出版社，2013）中对各类除臭工艺适用范围及优缺点进行了归纳，见表3。

表 3　各类除臭工艺系统综合因素比选

序号	工艺系列	工艺类型	应用	优点	缺点
1	物理法系列	活性炭吸附法	低至中度污染;小到中型设施	①可有效去除 VOC;②对低浓度的恶臭物质的去除经济、有效、可靠;③维护简单;④可用于湿式化学吸收后的精处理;⑤运行方便,可间歇运行	①对于氨、硫化氢等去除率有限;②不能用于大气量和高浓度的情况;③活性炭的再生与转换价格昂贵,劳动强度大;④再生后的活性炭吸附能力明显降低
2	化学法系列	焚烧法	重度污染;大型设施	①可分解高浓度的臭气;②可分解各种类型的臭气;③运行方便,可间歇运行	①仅适用于浓度高、气量适中的臭气;②会向大气排放 SO_2,CO_2 等气体;③应用方面需研究,有待完善
3	化学法系列	湿式化学吸收	中至重度污染;小至大型设施	①较高的去除效率和可靠的处理方法,去除效率可高达 95%以上;②可处理气量大、浓度高、温度高的恶臭污染物;③占地面积小,土建投资小;④运行稳定,停机后可迅速恢复到稳定的工作状态	①维护要求高;②对操作人员素质要求较高;③运行费用(能耗、药耗)高;④去除混合的恶臭污染物,需多级的洗涤
4	化学法系列	臭氧氧化法	低至中度污染;小至大型设施	①简单易行;②占地面积小;③维护量小	①臭氧本身为污染物,经处理后仍有轻微恶臭味;②适应工况变化能力差,因而工艺控制困难;③设备功耗高;④对残余臭氧的分解处理的费用昂贵;⑤残余的臭氧会腐蚀金属构件,其后续处理费用大

续表3

序号	工艺系列	工艺类型	应用	优点	缺点
5	化学法系列	掩蔽剂法	低至中度污染；小至中型设施	①设备简单、维护量小；②占地小；③经济	①对臭气仅起掩盖作用，臭气去除率十分有限；②因恶臭浓度不断变化，这种方法的效率最不可靠；③掩蔽剂与恶臭成分反应是否会产生二次污染尚未得到科学证实
6	生物法系列	生物滤池	低至中度污染；小至大型设施	①简单、经济、高效，去除率达 90%以上，部分气体去除率可达 99%；②低投资，运行维护费用低，维护量少；③操作简单；④不产生二次污染；⑤抗冲击负荷能力强	占地面积稍大
7	生物法系列	土壤法	低至中度污染；小至大型设施	①简单、经济、高效；②低投资、操作和维护费用低，运行、维护量少；③形式多样，可采用分散型（表层辅洒）和密集型（集装箱式）；④不产生二次污染；⑤采用生物土壤为除臭介质，有效使用寿命可达 20 年	①占地面积较大；②对湿度、pH、温度等要求较高；③土壤介质需要特定的培养驯化；④在国内处理效果有待进一步鉴定；⑤一般建议连续运行
8	组合法系列	以生物除臭为主体	低至中度污染；小至大型设施	①标准高，针对性和适应性强；②安全性高，运行稳定，效果显著；③技术优势明显；④高效可靠，处理率可高达 95%～99%；⑤技术可行，经济合理；⑥基本不产生二次污染	①占地面积稍大；②技术含量高，处理程序较为复杂

续表3

序号	工艺系列	工艺类型	应用	优点	缺点
9	组合法系列	以物化除臭为主	低至中度污染;小至大型设施	①标准高,针对性和适应性强;②安全性高,运行稳定,效果显著;③技术优势明显;④高效可靠,处理率可高达95%~99%以上;⑤占地较小;⑥运行方便,可间歇运行	①仍存在二次污染的问题;②技术含量高,处理流程较为复杂;③投资和运行费较一般工艺稍大;④与以生物除臭为主体的组合法比较,应用性较差
10	化学法系列	天然植物液技术	低至中度污染;小至中型设施	①基建费用低,除臭效果好;②输液系统的动力设备简单,电耗省;③占地面积小,设备放置灵活;④根据臭气性质的变化,可随时调整天然植物液成分,除臭针对性强	①天然植物液需进口,运行费用难以降低;②敞口池除臭时,受气候因素的影响较大
11	化学法系列	离子法	低至中度污染;小至大型设施	①效果稳定,运行费用低;②对臭气性质变化的适应性强;③操作简单,设备使用期长;④运行灵活,可连续可间歇,不影响除臭效果;⑤设备占地面积小,基建投资较低	离子氧的氧化能力不如高能活性氧

对于不同除臭工艺,《环境工程技术手册:废水污染控制技术手册》针对投资、维护因素的归纳见表4。

表 4 常见除臭工艺经济性比较

方法比较	生物滤池	生物滴滤塔	生物滤床	植物提取液	活性炭吸附	高能离子	化学除臭	活性氧
设备投资	低	低	适中	低	低	较高	高	高
能耗	很小	很小	小	小	很大	很小	大	大
运行费用	较低	较低	适中	适中	很高	极低	很高	适中
处理恶臭浓度	中、低	中、低	中、低	中、低	低	低、高	高	中、低
系统噪声	高	高	高	无	低	低	很高	极低
占地面积	大	较大	大	小	少	小	大	无
二次污染	无	少	少	无	少	无	多	无
检修率	较高	较高	低	低	高	低	高	低
除臭效果	良好	优良	良好	良好	好	良好	一般	良好

对于不同组分、不同浓度的恶臭污染物，需要综合考虑处理效果及经济性，在排放稳定达标的前提下选择检修少、停运时间短的除臭工艺。除臭工艺选择时，还需要考虑收集风量、恶臭污染物浓度急剧变化所带来的冲击负荷。除臭工艺需要具有抗冲击能力，无法处理冲击负荷可能造成尾气超标时，需要有应急处置措施。

6.1.2 对于不同的处理工艺，所能处理的污染物负荷也不同。选择处理工艺时，需要明确该工艺所能处理的各主要污染物的浓度范围。当污染物负荷高于最高设计浓度时，需要有相应防止排放超标的应急措施。对于生物处理等涉及微生物的处理工艺，当污染物负荷低于微生物正常代谢所需负荷时，需要有防止微生物失去活性的工艺调整方案。除臭装置设计时，应明确每套处理系统在额定处理风量下硫化氢、氨气、甲硫醇等主要污染物的最高处理浓度；涉及组合工艺的，应明确额定处理风量下各工艺段的硫化氢、氨气、甲硫醇等主要污染物的最高处理浓度。

6.2 生物处理工艺

6.2.1 根据现行上海市地方标准《城镇污水处理厂大气污染物排放标准》DB 31/982 附录 A 中 A.4 要求，对于生物处理装置应自动记录各循环水泵电耗、pH 值、补水量、试剂投加量，人工记录填料更换周期。在处理含硫化氢的恶臭气体时，生物滴滤工艺运行过程中，循环液体的 pH 值会逐渐下降，当 pH 值下降至 2～3 时，处理效果会恶化，因而安装在线 pH 计，通过工艺循环液的 pH 值控制生物滴滤装置的补水和排水。

6.2.2 污水、污泥处理设施收集的恶臭气体中经常会夹带有污泥颗粒、粉尘等杂质，微生物在填料上生长后老化的生物残骸也会堵塞填料。填料选用时，需要考虑被杂质堵塞的情况，合理选择填料孔隙率与大小。填料还需要有足够的机械强度，能够在使用寿命内不出现损坏、腐蚀、老化等情况。

6.2.3 生物处理工艺中微生物代谢产物经常为强酸性，容易对生物箱体产生腐蚀，生物箱体一旦出现腐蚀破损，维修十分不便。因此，生物箱体需要选择抗腐蚀、抗老化、抗紫外的材质，且需要有足够的机械强度，能够确保在使用寿命内不会发生损坏、腐蚀、老化等情况。如生物箱体外有保温层，则保温层也需要满足强度、耐久性的要求，在使用寿命内不破损。

6.3 化学洗涤处理工艺

6.3.1 化学洗涤处理工艺需要使用大量碱性、酸性、强氧化性的化学药剂，高浓度酸、碱溶液的运输、存储、使用防护要求较高，且容易腐蚀药剂储罐与加药管路，增加维护费用。比选药剂时，需要考虑运输使用的经济性与日常管理的便捷性，尽量避免使用危险性大、易挥发、使用不便的危险化学品。

6.3.3 当使用结晶温度较高的化学药剂时，冬季低温时可能发生加药管路结晶堵塞的情况。因此，选择药剂浓度时，需要参照冬季最低室外气温，确保药剂结晶温度低于最低气温，同时药剂管路需要做好保温措施。

6.3.4 使用组合处理工艺时，常常有两级化学洗涤串联的处理工艺。对于两级化学洗涤串联的处理工艺，需要根据进口处恶臭污染物浓度、组分、每一级处理工艺的处理效率进行分析，选用合理的化学药剂及药剂投加顺序，以减少药剂使用量。例如二级化学洗涤工艺，可在一级化学洗涤塔中使用氢氧化钠药剂去除恶臭气体中的硫化氢，在二级化学洗涤塔中使用氢氧化钠与次氯酸钠去除恶臭气体中的甲硫醇等有机硫化物。若在一级化学洗涤塔中使用氢氧化钠与次氯酸钠，恶臭气体中的硫化氢会消耗大量次氯酸钠，增加药剂使用量。

6.3.5 化学洗涤处理工艺所使用的化学药剂一般具有腐蚀性，为保证装卸药剂时的安全与便捷，需要在药剂储罐附近安装加药泵，药剂通过加药泵泵送进入药剂储罐。加药管路、化学洗涤循环喷淋管路通常为压力管路，为避免运行时管路震动引起管路接口处、法兰接口处、仪表连接处破损，需要在容易破损处采取防止喷溅的措施。

6.3.7 为精确统计化学药剂投加量，需要有化学加药计量装置，化学药剂腐蚀性较强，所选管材需要具有抗腐蚀性。

6.3.8 药剂储罐周边的围堰高度及材质需要满足安全方面的要求。

6.3.9 药剂储罐一旦泄露，需要有应急处置装置将泄露的药剂进行处理。

6.3.10 为避免雨水浸泡药剂储罐，避免阳光直射药罐引起药剂失效，需要设置有防雨遮阳棚，设置的防雨遮阳棚的高度需要满足药剂罐整体吊装检修的要求。

6.4 其他处理工艺

6.4.1 对于离子法恶臭气体处理装置一般串联在生物法或化学法的后端,故在处理装置前端需要设置除雾装置。考虑处理装置会产生离子、臭氧等高级氧化物,反应区应选用耐腐蚀的材质并进行防腐处理。为避免带有高能离子及臭氧气体的泄露对周边环境及操作人员的健康产生影响,处理装置需要有较好的密封性。

6.4.2 由于离子法恶臭气体处理工艺对处理的气体存在紫外激发、微波激发等作用,当恶臭气体中的可燃成分高于爆炸上限浓度时,会造成较大的运行风险。

6.4.6 对于某些空间太大、臭气无法被有效收集的场所,有时会使用植物型除臭剂以掩蔽臭气的方法。城镇污水处理厂中使用的植物型除臭剂性能指标暂无明确要求,可按照现行行业标准《生活垃圾除臭剂技术要求》CJ/T 516 中关于植物型除臭剂的性能要求。

6.5 组合处理工艺

6.5.1 污水、污泥处理设施产生的恶臭气体成分比较复杂、浓度波动较大,有时采用单一的处理工艺无法去除所有恶臭污染物,需要采用生物处理工艺、化学洗涤工艺、物理吸附工艺等相互组合而成的组合处理工艺。根据白龙港污水处理厂运行经验,生物处理工艺运行管理便捷,抗冲击负荷能力较强,故推荐以生物处理工艺为主,以化学洗涤和离子法恶臭气体处理为辅,活性炭吸附作为备用处理装置使用。

6.5.2 适用组合处理工艺时,需要对组合工艺的占地面积、设备检修频率、各工艺段去除效率、药剂用量、运行维护难易程度等各方面进行评估，并不是组合工艺串联得越多越好。

生物处理工艺因微生物对硫化氢的氧化作用，循环液通常为酸性。化学洗涤工艺若投加氢氧化钠，循环液通常为碱性。组合工艺还需考虑处理工艺的串联顺序，避免生物处理工艺酸性循环液随气流进入后续风管、设备，从而对其造成腐蚀。同时还需要避免化学洗涤工艺的碱性循环液对生物处理工艺造成影响。当化学洗涤工艺使用次氯酸钠时，需要避免次氯酸钠对生物处理工艺微生物的毒害作用。

6.5.3 含有灰尘等颗粒的气体容易在填料表面截留，如果不加以控制，极易导致填料堵塞，降低处理装置性能。因此，可根据实际灰尘等颗粒物浓度，增加预除尘等工艺。

6.5.5 组合处理工艺为了能切换处理工艺串联顺序，需要在各工艺段上安装相应阀门。部分恶臭气体处理装置检修时为了不让整套装置停运，需要有相应的超越管路与阀门。

6.5.6 为了检测组合处理工艺各工艺段的处理效果及恶臭污染物去除效率，需要在处理装置之间设置气体采样点。对于预算充足的项目还可设置在线气体检测仪表，以减少操作人员检测的工作量。选用仪表精度与量程尽量接近实际气体浓度，降低因精度或量程原因造成的数据误差。

6.6 工艺用水

6.6.1 不同的恶臭气体处理工艺，对于水质的要求不同。生物处理工艺要求水的SS较低且中水未经过氯消毒，化学洗涤工艺要求水的SS、COD、NH_3-N较低，结合国家标准《城镇污水处理厂污染物排放标准》GB 18918—2002第4.1.2.1条中对回用水的基本要求为一级A标准，建议将未经氯消毒的深度处理出水作为中水水源；条件许可的情况下，采用经紫外消毒的深度处理出水。

6.6.2 恶臭气体处理装置自动控制时，补水时间可能会重叠，为避免多套处理装置同时补水导致水量或水压不足的情况，工艺用水系统设计水量、设计水压需要满足恶臭气体处理装置用水峰值的需求，设计水量可根据单套处理装置设计补水量及多套处理装置同时补水的概率计算。

6.6.3 为避免中水取水装置检修或故障导致全厂恶臭气体处理装置停运的情况，需要至少设置两个中水取水点，正常情况下各取水点同时使用。当其中一个取水点检修时，另外的取水点可确保中水系统水量、水压满足全部工艺用水的需求。当恶臭气体处理装置的中水系统与其他工艺用水或消防用水共用时，中水系统水量还需要适当增加。

6.6.4 为避免中水干管破损导致整个中水系统停用，中水干管需要设置成环状管网，连接设备的中水支管可设置成枝状管路。

6.7 工艺管路

6.7.1 冬季气温较低时，给排水及加药等工艺管路存在管材冻裂的风险，故应采取保温措施。若采取在管路外加保温层的保温措施，保温材料及布置方式需要选用便于拆卸式的，以利于管路维修。

6.7.3 处理装置中部分管路为压力管路，部分管路为重力管路，压力管路与重力管路应分开设置，不得连通。当排除工艺废水的压力管路与重力管路必须汇合时，需要采用检查井等形式汇合，不能采用压力管路与重力管路直接连通的形式，以避免压力管路中的工艺废液倒灌回重力管路。

6.7.4 恶臭气体处理装置为防止底部水箱液位过高，通常会设置有溢流管路，为防止恶臭气体从溢流管路进入排水管网，溢流管路需要设置U形存水弯等防止气体散逸的措施。

6.7.5 可通过采集恶臭气体处理装置内的液位信息，控制处理装置的工艺用水补到位和排到位的指令信号。

6.9 处理装置应符合的其他规定

6.9.1 为避免处理装置风机、水泵等关键设备故障导致设备停运，风机、水泵等关键设备需要考虑备用率，使用台数 4 台及以下的，可备用 1 台；使用台数 4 台以上的，可备用 2 台。风机及水泵应自动控制，交替运行。对于其他可及时更换的易损耗品，可采取仓库冷备的形式。

6.9.2 为避免化学洗涤工艺碱性、氧化性气雾对后续处理工艺产生影响，生物处理工艺酸性气雾对后续处理设备等造成腐蚀，每套处理装置都需要有除雾效果稳定的除雾装置。

6.9.3 为避免酸性、氧化性气雾腐蚀排气筒，处理装置与排气筒之间应单独设置除雾装置；无法单独设置除雾装置时，需要对排气筒及管路采取防腐措施。

6.9.4 生物处理工艺排放废液通常 pH 值较低、酸性较强，化学洗涤工艺排放废液通常 pH 值较高、碱性较强。若工艺废液直接排入厂内污水管网，将对污水管网造成腐蚀，同时废液重新进行生物处理时会对生物池造成冲击。因此，对于工艺废液本着“以废治废”的原则，在经济性合理的情况下优先考虑综合利用；若无法综合利用，需要考虑设置调节池以调节工艺废液水质。

6.9.6 化学洗涤工艺、生物处理工艺中喷淋状况对于处理效果至关重要。日常巡检中也需要定期检查喷头有无破损脱落、气体有无短流的情况。因此，对于上述工艺，需要设置检查喷淋状况的观察窗。观察窗需要选用透光性好并具有足够强度的材质，与处理设备密闭可靠，连接处还需进行防腐处理。

6.9.7 在实际运行过程中发现，生物除臭装置和化学除臭装置运行一段时间后的底部均会积累一定的沉积物（包括炭粉、药剂结晶、杂质等），严重时会影响循环水泵的运行，因此需要定期对装置底部的沉积物进行清理。目前应用的恶臭气体处理装置底部设计均没有坡度，人工清理时需要人员进入箱体，清理难度大、作业风险高。如果将底部设置成一定坡度并配备集泥斗，则仅需要对塔底底部进行冲洗，杂质便会汇集到集泥斗中，再清理就会便利很多。

8 验 收

8.2 工程质量验收

8.2.1 在恶臭气体处理系统正常运行的情况下，通过检测孔测量密闭空间内的相对压力，相对压力值应满足设计的要求。

8.2.2 收集系统应符合下列要求：

4 采用风机正常运转时，恶臭气体处理装置总进口的风量与设计总风量的比值作为气体收集效率，除臭系统的收集效率不低于90%。

8.2.3 气流组织状况的检测方式如下：

1 在密闭区域内产生干冰、烟雾，使其先充满整个密闭空间，然后开启恶臭气体处理系统，观察气流走向，干冰、烟雾应能均匀地向收集孔方向流动，不出现短流和积聚的情况。

2 在密闭区域距离起始端收集风管的最远端产生干冰或有色烟雾，观察干冰、烟雾气流的运动状态，干冰、烟雾应能够向收集孔方向流动，且不在干化、烟雾的产生端积聚。

3 宜对整个工程的每个密闭区域都进行示踪法验证气流组织状况。

8.3 气体排放验收

8.3.3 恶臭气体污染物去除效率应按照本标准第8.3.2条中的公式进行计算，去除效率应符合以下要求：

1 城镇污水处理厂产生的恶臭气体水溶性一般较好，通过生物处理工艺较易得到降解和去除。

8.4 安全措施验收

8.4.1 化学处理工艺中涉及使用次氯酸钠、硫酸等危险化学品的，在药剂使用区域应就近配备洗眼器，用于应急使用。在化学品加药区域应配备防流散设施，在药剂泄漏时，能够将药剂暂时存放，防止泄漏药剂对土壤、地下水等产生不利影响。

8.4.2 恶臭气体属于有毒有害气体，若使用危险化学品作为化学处理工艺药剂，则存在腐蚀、强氧化等危险性，光解处理工艺涉及紫外线辐射。因此，在恶臭气体处理装置的周围应设置职业危害因素告知、危险源告知、安全告知等安全标识标牌，告知和警示靠近人员，应注意安全。

8.4.3 验收时，应对密闭构筑物及其周围导流、排水措施进行关注，防止雨季汛期期间雨水无法顺畅排除，避免雨水积聚地势低洼区域。

9 运行管理

9.0.2 企业应针对恶臭治理系统留有正常运行的管理记录，针对非正常排放、设备设施检维修、恶臭污染物监测留有记录和说明。

9.0.3 密闭系统的运行管理应符合下列规定：

1 由于除臭系统运行一段时间后，除臭装置、风管等阻力会发生变化，从而影响气体的收集效果。了解气体收集状况和调节风阀开度，目的是要保证除臭系统气体收集均匀有效，宜每年进行1次检测。

2 宜定期检查密闭罩。密闭罩外观应无开裂、破损现象，密闭罩与构筑物的密封连接应牢固。密闭罩上开孔处（如各类检查口和采样口）的盖板应完好，并且盖板应能够实现与开孔处的有效密封连接，恶臭气体不从连接处泄漏。

3 由于室外玻璃钢密闭罩（盖）长时间处于日晒雨淋的环境中，玻璃钢容易老化，随着时间推移，其强度性能会减弱，因此需要定期对其强度进行检测，保证安全运行。

9.0.4 收集系统的运行管理应符合下列规定：

1 每年对收集系统的总风量进行1次复核，保证收集系统的可靠和有效。

2 对于收集风管中的冷凝水，每周进行1次排放，在外界环境温度较低的季节，需要根据实际情况提高排放冷凝水的频次。

3 由于是针对污水产生的臭气进行收集，气体中会夹带有部分杂质，较长时间运行之后，用于指示气体流量的指示计内表面会积累一定的污垢，影响指示效果，因此需要对流量指示计进行清洗或者更换，宜每年对收集风管中的流量指示计进行1次清洗。

9.0.5 生物法恶臭气体处理装置运行管理应符合下列规定：

1 运行中发现生物法恶臭气体处理工艺的炭质填料使用一定时间后，填料会出现一定的粉化、开裂情况，需要对填料的粉化情况进行定期检查。如果粉化情况严重，需要将填料清出并进行筛分，去除炭粉和杂质；装填回恶臭气体处理装置时，需要对损耗掉的炭质填料进行补充。

2 喷淋水中常含有大量微生物和杂质，容易使喷嘴堵塞，当喷嘴堵塞时应及时清洗，保证喷淋系统能够均匀地散水，需要定期对喷淋效果进行检查。

3 生物法处理装置运行一段时间后，微生物残留物和杂质会随水流流至生物箱体底部，对箱体塔底的杂质累积情况宜半年进行1次检查，当杂质积累较多时应及时清理。

4 生物滤床的填料层发生堵塞、短流等情况时，气体进出生物滤床的阻力值（压差值）会出现较大变化，定期对其阻力值（压差值）进行检查，当出现较大阻力值变化时，及时检查处理装置的内部情况。

5 根据收集气体的浓度情况，及时调整生物处理系统喷淋水量，调节液气比，使恶臭气体能够得到有效净化。

9.0.6 化学洗涤恶臭气体处理装置运行管理应符合下列规定：

2 由于化学洗涤系统涉及碱性、酸性或者氧化性药剂投加，化学洗涤系统内部的喷嘴、填料、塔底会存在结垢现象，需要定期进行清洗，保证化学洗涤系统的处理效果。当填料塔的结垢情况严重，会导致填料层的压降上升时，应对填料进行清洗或更换。

3 随着恶臭气体处理装置进气浓度的变化（特别是外界环境温度变动，会对恶臭气体的产生产生较大影响），需要及时调整工艺运行参数，保证恶臭气体处理效果。

9.0.7 离子法恶臭气体处理装置的运行管理应符合下列规定：

1 离子法恶臭气体处理装置的过滤器会积累大量的灰尘，宜每月对过滤器进行清洗或更换；当使用环境恶劣时，应适当增加清洗和更换的频次。随风进入装置的灰尘会积累在离子灯管表面，会影响离子灯管产生的离子量，宜每季度进行1次清洁；当离子灯管破损或使用时间达到使用寿命时，应对离子灯管进行更换。

2 宜每季度对离子量进行1次检测，根据实际情况，及时调节离子发生器的功率，控制离子量浓度，保证离子新风对恶臭气体的处理效果。

9.0.8 吸附法恶臭气体处理装置的运行管理应符合下列规定：

1 应密切注意吸附设施的压降值，当填料出现粉化堆积现象时，填料将会发生堵塞，影响处理效果，此时应及时更换吸附剂。

2 根据除臭装置出口臭气的浓度，判断吸附剂是否发生穿透；当发生穿透时，应对吸附剂及时进行再生或更换，以保证吸附装置的处理效果。

9.0.9 其他运行管理规定：

1 风机、循环水泵作为恶臭气体处理装置的关键设备，宜每半年进行1次更换润滑油等常规性维护保养工作，保证设备的正常运行。

2 每月需要对恶臭气体处理装置的自动控制元器件进行1次检查，防止由于元器件的老化、接触松动等原因，影响设备的正常运行。

3 硫化氢、氨气、pH、ORP、流量计等在线监测仪表需要定期进行校准、比对，保证在线数据的可靠性和准确性。

4 在线监测数据需要每天进行1次分析，及时对异常情况进行处理，手动监测数据宜按照监测频次进行分析。

10 检修维护

10.0.2 密闭和收集系统检修时，应符合下列规定：

1 当拆卸密闭罩或收集管路，以及检修单层隔离密闭内设备或设施时，恶臭气体将不能得到有效的密闭和收集，恶臭气体会存在逸散于大气环境的情况，因此需要针对这部分逸散的恶臭气体进行处理，如采取喷洒植物液等除臭剂的方式，控制恶臭气体对厂界排放的影响以及对人员健康的影响。

2 检修双层隔离密闭内的设备，在外层密闭罩提供有足够的作业空间时，仅拆除内层密闭罩（盖），人员在外层密闭罩（盖）内进行施工作业。

4 拆卸密闭罩或收集管路破坏了原有系统整体的密闭性，因此在装回时，需要对密闭系统的收集风量、气密性进行再次验收，确保密闭和收集有效。

10.0.3 恶臭气体处理装置检修时，应符合下列规定：

1 由多个处理工艺段串联组成的恶臭气体处理装置，当其中某个或某几个工艺段需要检修时，应通过调节超越管路阀门的方式，将需要检修的工艺段超越，其余工艺段应正常运行。

2 对于臭气源仅设置有单一处理装置的情况，当该恶臭气体处理装置需要检修时，应采取将应急（移动式）恶臭气体处理装置临时接入收集系统，恶臭气体经应急处理装置处理后再排放于大气中。

3 由于化学洗涤工艺易结垢，容易在填料表面沉积，影响装置本体的传质效率，需要对除填料表层的污垢进行去除。

4 生物、化学工艺的恶臭气体处理装置，其内部填料层支架多为表面包覆玻璃钢的碳钢材质，长时间连续运行后，表层的玻璃钢可能会脱落，严重时会导致内部碳钢腐蚀，因此需要对其进行加固和防腐处理，保证恶臭气体处理装置能够安全稳定地运行。

10.0.5 相比敞开的池体，池体构筑物在加装密闭罩盖后，由于密闭罩内水汽叠加硫化氢等腐蚀性气体，对池体构筑物的腐蚀更为严重，宜加强对池体构筑物的强度检查，当发现表面防腐层脱落等情况时，应及时维修。

10.0.6 从人员安全健康的角度考虑，进入密闭空间的作业人员，安全措施必须充分，同时需要现场有安全员进行作业监护，现场还需配备紧急情况下的应急救援设施。在现场条件满足现行国家标准《密闭空间作业职业危害防护规范》GBZ/T 205 的要求情况下，人员方可进入。